数学就是这么简单

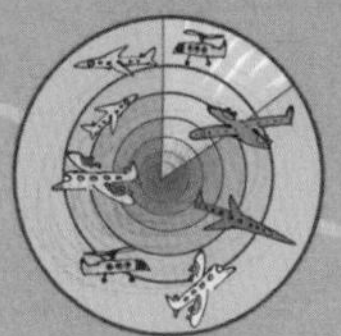

我们在哪里&问题来了

【英】史蒂夫·魏 弗雷西亚·罗 著
【英】马克·毕驰 插图 曾候花 译

6

贵州教育出版社

我们在哪里 In Place

目 录

这处、那处和到处

我们很容易迷路——不知道自己身在何处，也不知道究竟该往哪一个方向走。我们有时候会弄不清楚自己走了多远的距离，余下还有多长的路程。就好像眼睛被蒙住了一样！我们唯一清楚的只有目的地。

即使我们没有迷路，但是在很多时候我们都需要弄清楚怎样从一个地方到达另一个地方。有时候路线是现成的，我们甚至不用动脑筋，它就已经浮现在我们脑海中了。这是因为我们早已将地图上的路线牢记于心。

没有直达的路径！

我们唯一要考虑的问题是如果有人修建了一条新的道路，或者什么东西阻碍了我们经常使用的路线。这时候，如果我们身处一个陌生的地方，那么，我们可能需要求助于地图或者一些其他的信息和建议来帮助我们到达我们要去的地方。

◆ 美国纽约市警察在指挥交通时非常繁忙，他需要指挥来自四面八方的车辆。

你的地址

◆ 在这个德国小镇上，每一条街道和每一所房子都有它们的名字和编码。

每一个人居住的地方都是特殊的，通常称作人们的地址。这有助于查找每个人所在的地理位置，便于人们来参观拜访，或者邮寄信件。

大多数的地址都书写成五栏：

1. 姓名
2. 门牌号码
3. 街道和建筑的名称
4. 城镇名
5. 国家和地区名

现在，大部分的地址都配有一个代码，通常称之为邮政编码，或者邮递区号。有些邮政编码完全是由数字组成的，它们被称作数字代码。而其他使用字母和数字的则被称作混合符代码。在混合符代码中，第一部分代表的是你所居住的地区，第二部分指出的是你和你的邻居们所在的位置。

门牌号码

每一所房子都有一个号码，最小的一个号码在最靠近城镇中心的街道的末端。在欧洲，最常见的布局方式是，在道路的一侧依次从小到大使用奇数位号码，从 1 开始；而在另一侧则从小到大使用偶数位号码，从 2 开始。

邮政编码

罗伯特·穆是美国邮政系统的一位邮件巡查员。在 19 世纪 40 年代，他目睹了邮件堆积如山并与日俱增的状况。

他意识到老式的分拣邮件的方式迟早会过时，就像乘火车从一个城市到另一个城市会被飞机取代一样。

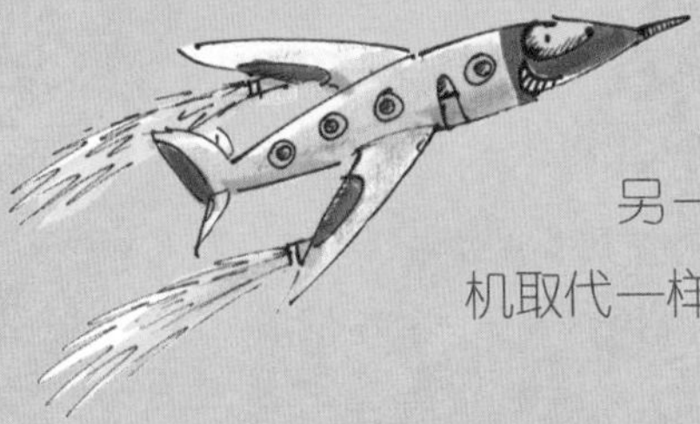

他的改进方法是用一种方法，使邮件能够按地区分拣。他提出分区改进计划，即邮政编码。

最初的邮政编码运用三个数字代码来区分邮件，然后运送到最近的分拣办公室。后来，编码变成了四位，这使得信息更加精确，和现在的邮政编码类似*。罗伯特·穆甚至建议为太空设置邮政编码！

*中国采用四级六位编码制，前两位表示省（直辖市、自治区），第三位代表邮区，第四位代表县（市），最后两位数字是代表从这个城市哪个投递区投递的，即投递区的位置。目前，世界各国邮政编码规则并不统一。

◆ 地球仪是一个地球的模型，它由一根杆固定住，使之能旋转起来。

查看地图

地图是一种表达地球空间分布的图形，在上面可以找到世界上各个地方的位置。地图能显示出大量的详细信息，哪怕只是一块极小的区域，比如一个小村庄。它们也能显示大范围的区域信息，比如一个国家，乃至整个世界。

制作和查看地图是十分困难的事情，因为你必须准确地想象自己从上面看到的一切，可能对小鸟来说这很容易，但是对于我们而言却并非如此！

由圆形到平面

圆形的世界地图被称作地球仪。它们通常被装配在一个架子上，你可以旋转它们，就好像地球自转那样。

地球仪是一个球体，但是地图是方形的、平面的。在制作地图时，你必须把地球想象成一个橘子，你一片片地剥开橘子皮，并把它们平铺放好。

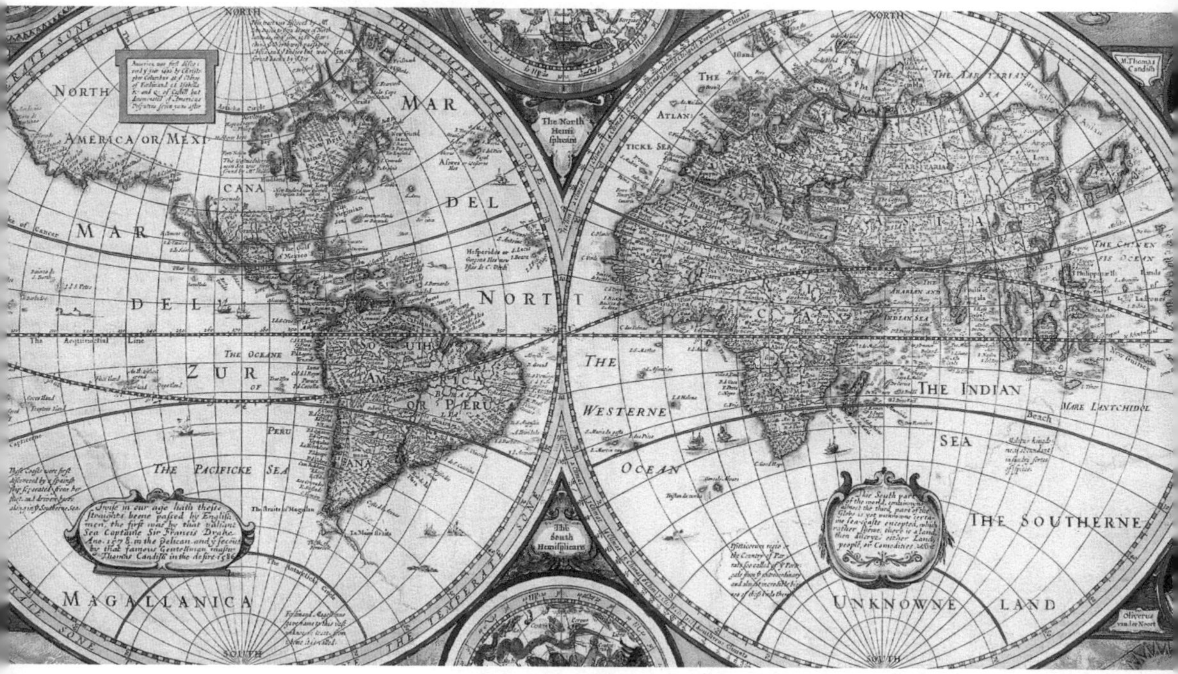

◆ 这张早期的地图标注出了经线和纬线。

世界地图

在许多许多年前，人们已经开始制作地图，但是往往并不十分精确。直到 15 世纪，地图才开始标注自西向东环绕着世界的纬线。不久之后，地图上增加了越来越多的位置标注线。赤道就是其中的一种。它是一条想象出来的环绕在地球最中间的纬线，把地球分割成南半球和北半球。在地图上，我们可以看到有 360 条经线连接着地球的南北两极*。

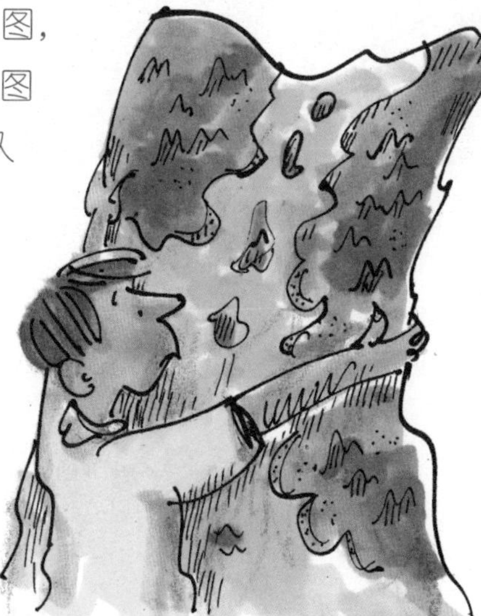

*经线和纬线只是用于确定地球上的位置的标志，实际上它们存在着无数条，并不止 180 条或 360 条。

指路星辰

最早的探险家们在寻找他们的路径时，能得到的帮助少得可怜。旅行者们使用的地图都非常简单，他们必须学会在路上，或者在航线上，依靠太阳和星星的帮助来找到自己的方向。

星　盘

星盘是一种非常古老的天文仪器，它通过太阳和星星在天空中的位置来确定时间。它可以显示在一个特定的时间，天空会出现怎样的布局。

找星星

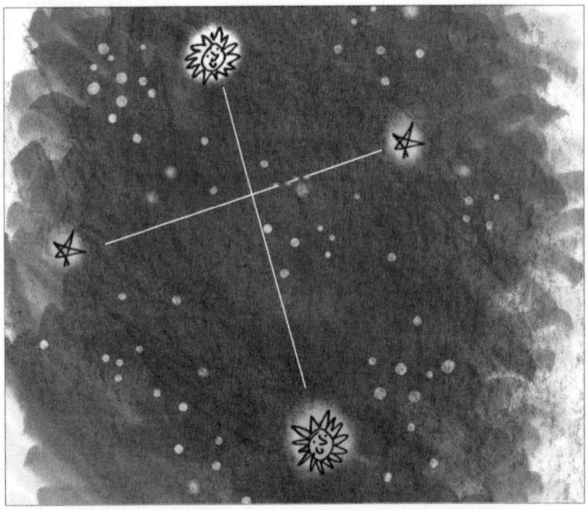

在南半球，找一找南十字星座。它并不是在南极，但是它其中两颗星星组成的长一点的直线始终指向南方。

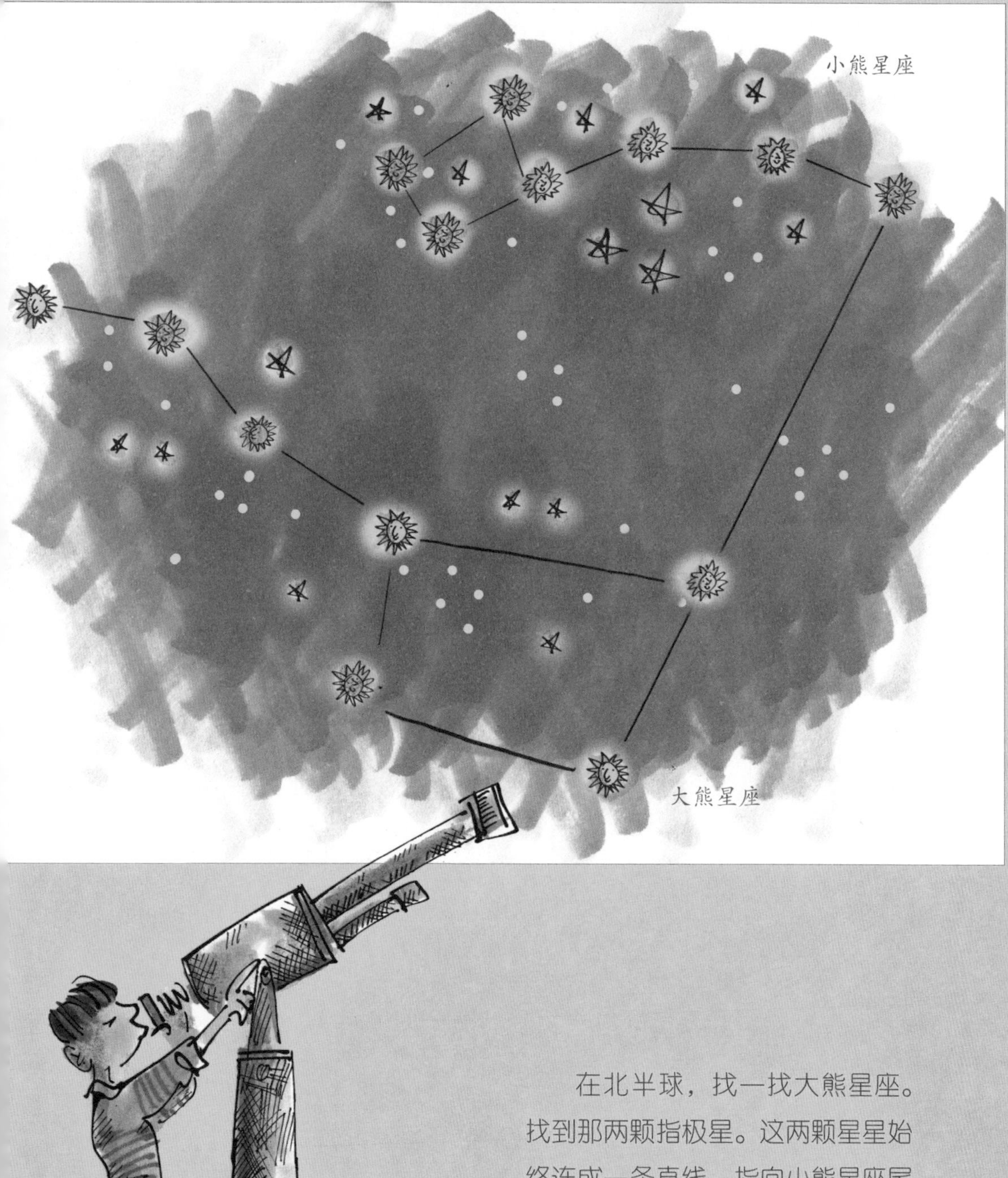

在北半球，找一找大熊星座。找到那两颗指极星。这两颗星星始终连成一条直线，指向小熊星座尾部的北极星。北极星始终位于天空中的正北方，指向北极的位置。

罗 盘

罗盘能够帮助你找到正确的方向。它是一个盒子，中心带有可旋转的磁针。磁针有明显标记的那一头始终指向正北方向，因为它受到一块更大的磁铁的牵引——这就是地球的万有引力。

◆ 一个罗盘的表盘能显示出众多的方向，而不仅仅是北方、南方、东方和西方。

地球是一个巨大的磁场，两个磁极释放出巨大的磁力。其中一个磁极在靠近北极的地方，而另一个则靠近南极。罗盘的磁针有一端总是指向北方的磁极。

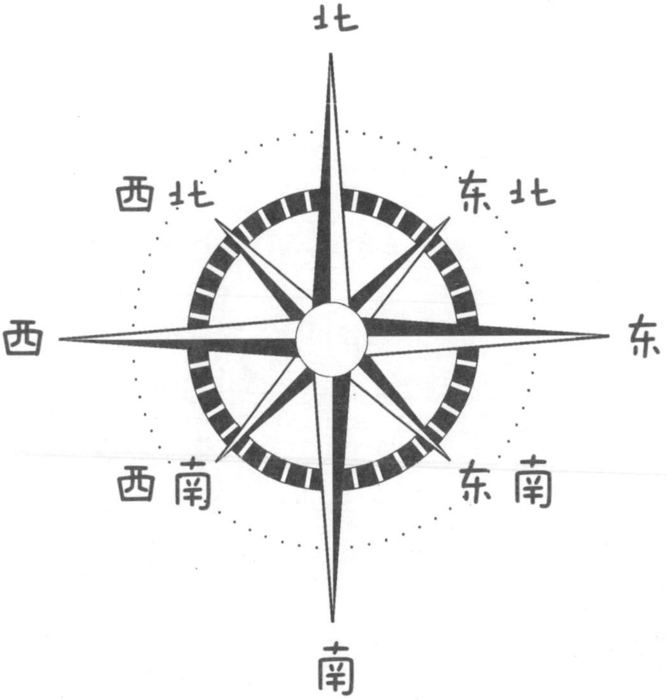

使用罗盘

当你将指北的指针与罗盘上显示的北方重合时，那么，罗盘表盘就会正确地显示出其他的方向。在四个主要的方向之间，指针会显示有两个字母的组合，比如 NE，它代表东北方向。

六分仪

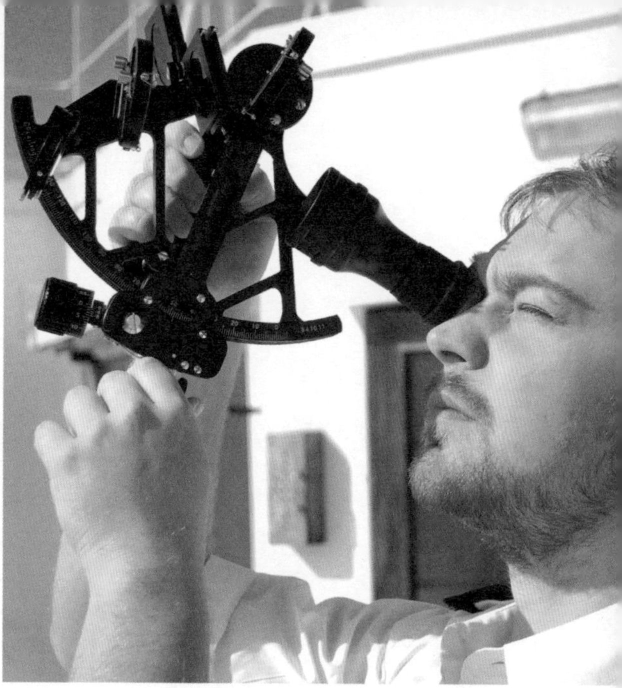

◆ 一个水手在甲板上使用六分仪。

在古代，水手们要在海上分辨方向是非常困难的。因为在海上没有任何的路标指引！六分仪可帮助水手们分辨他们正处在什么纬度位置。

地平线和正午的太阳之间角度的改变能显示出你在赤道偏北或偏南的什么位置。六分仪中的镜子使地平线和太阳出现在一条线上，然后根据六分仪中的刻度尺可以测量出它们之间的角度*。

使用六分仪

◆ 把六分仪架好，使它能看得到地平线。

◆ 找到太阳的位置，然后调整六分仪的角度，使之能看到太阳和地平线在同一条直线上。

◆ 计算出太阳和地平线的角度，就能得出船只正在什么纬度上航行。

*六分仪所基于的原理很简单：光线的入射角等于反射角。实际上，六分仪也可以测量任意两物体之间的夹角。

探险家和他的狗

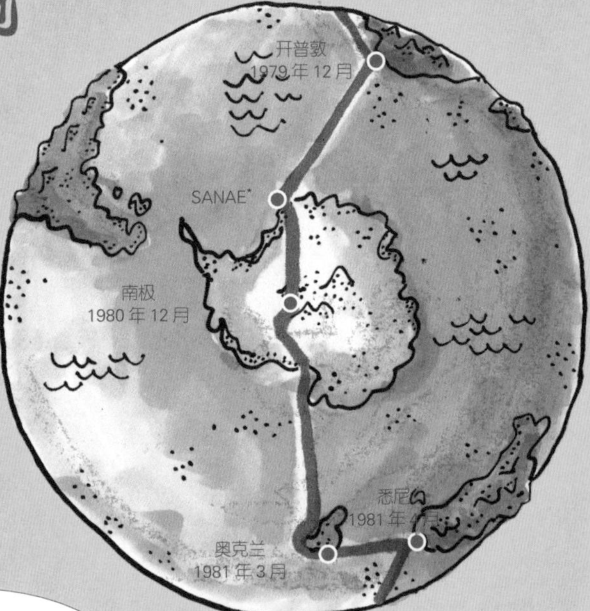

纳鲁芬·菲利斯爵士（Sir Ranulph Fiennes）是一位英国探险家。他和他的拍档查尔斯·伯顿 (Charles Burton) 结伴以一种另类的方式绕地球航行——从地球的一极到达另一极。这次的探险旅程共计十六万千米，足足花费了他们三年的时间。

“我们一路向南，穿过整个欧洲，到达非洲，从那里前往南极。”

他们于 1980 年 1 月前后到达了南极，并在那里扎营停驻，度过了整个冬天。他们住在一栋只由一层隔热层的纸板搭建而成的小棚屋里。

“在这个冬天，我们将进行一些科学实验。”
“博斯也能搭把手。”

他们的整个航线类似本初子午线，即经度为 0。菲利斯的小狗名叫博斯，它也作为一只探险狗加入了这支队伍。

* 为“South African National Antarctic Expeditions”的首词缩写，是南非共和国在南极建立的沙奈耶科考站。

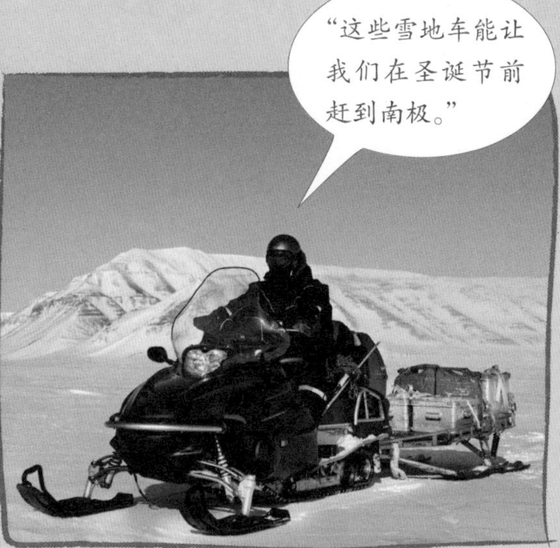

“这些雪地车能让我们在圣诞节前赶到南极。”

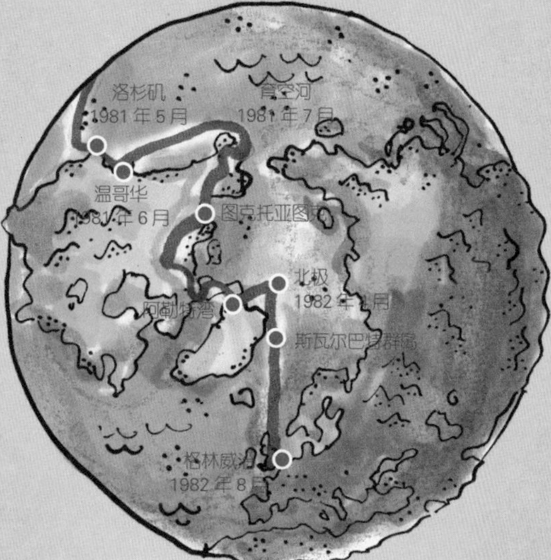

他们在 1980 年 12 月 15 日抵达了南极。旅途的第二个阶段大约花费了他们两个月的时间。他们沿着冰河徒步而行，并且克服了重重艰难险阻。

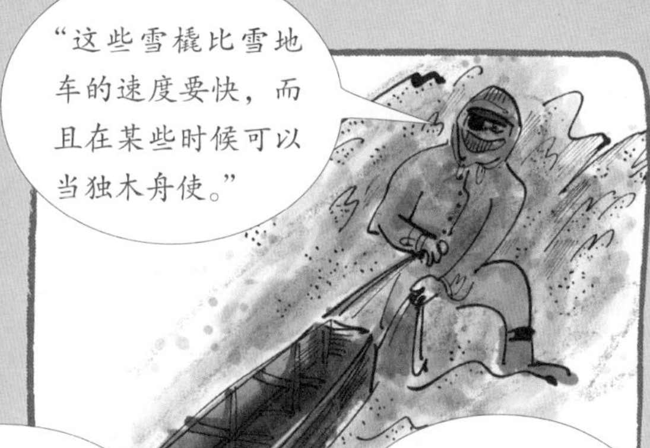

“这些雪橇比雪地车的速度要快，而且在某些时候可以当独木舟使。”

“我们已经被困在这片冰川中三个月了。”
“而且不断地遭受到来自北极熊的威胁。”

然后他们一路向北而行，经过了新西兰、澳大利亚、美国和加拿大，到达了他们旅程的北极区域。

“我们到达北极了。”

“博斯也是一样。”

你在哪里?

当我们做运动时，在地心引力的作用下，位于我们耳朵内的平衡器便会察觉出我们做了什么运动，位置发生了什么变化。我们的大脑由此可以根据耳内外气压的变化，判断出我们到达了什么位置。

位于我们双耳内的平衡器会帮助我们了解自己身体的位置。地心引力使所有的物体都朝一个方向运动——向下。而平衡器正是依据地心向下的引力，分辨出我们身体移动的方向。这能帮助我们判断自己在空间中的位置。

◆ 那些在双杠上倒立的运动员，其超强的平衡感异乎常人。

自动驾驶仪

现代的载人飞机在起飞后完全由自动驾驶仪驾驶操控。这种飞机可以不用借助人类的任何帮助即可翱翔天际。

在升空前，飞行员给自动驾驶仪输入指定的路线、速度和高度等。自动驾驶仪拥有一个电脑装置，为它实时提供飞机内各部分的信息。它能通过调整节流阀、尾部的方向舵和机翼上的襟翼来自动地驾驶飞机。

多层式立交桥

当多条线路在一处汇合，驾驶员必须在许多条不同的道路中找出自己要走的方向。这种复式公路枢纽通常非常复杂，有时我们把它称作“多层式立交桥”。

自动驾驶！

在许多年前，不少的车就已经实现了“自动驾驶”。它们能保持匀速前进，并能在倒车的时候自动发出报警声。一些车借助雷达和摄像机，几乎能做到自动停车。在未来，汽车可以实现当前面遇到困难时自动减速甚至停车。汽车制造商表示到 2020 年，汽车可以做到安全的自动驾驶。

旋转的度数

当我们顺时针或者逆时针转一圈，就可以转一个大圈或者一个小圈。要比较两个圆圈的大小，我们可以依靠圆周的度数来进行测量。

顺时针

当我们向右旋转一周，或者转整整一圈，我们就画出了一个圆形。我们旋转了 360 度，或者写作 360° 。时钟表盘的指针转一周，就是旋转了 360 度。

简单数学：度数

360° = 一个完整的圆圈

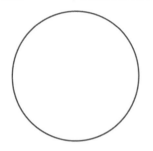

180° = 一个半圆

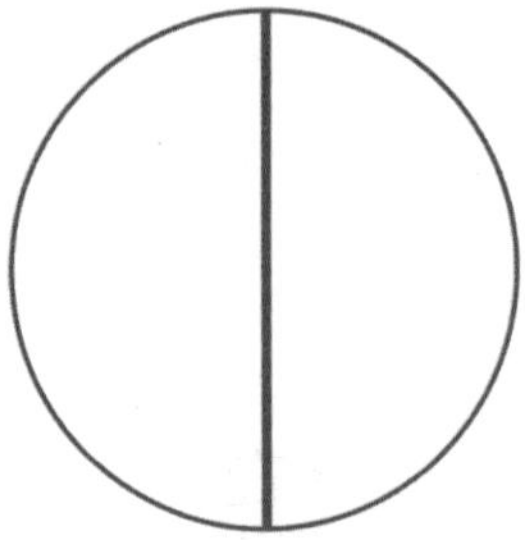

90° = 一个直角

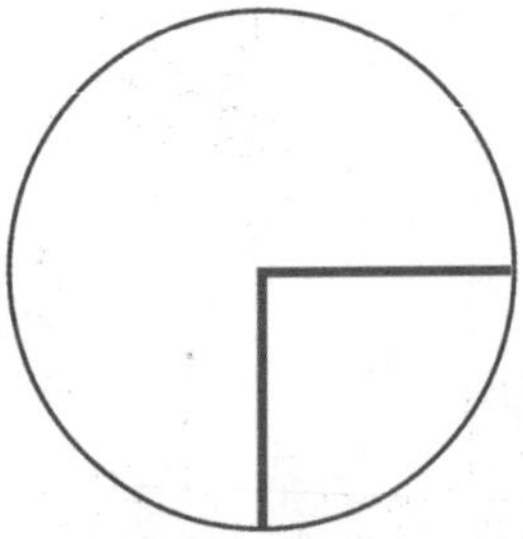

45° = 半个直角

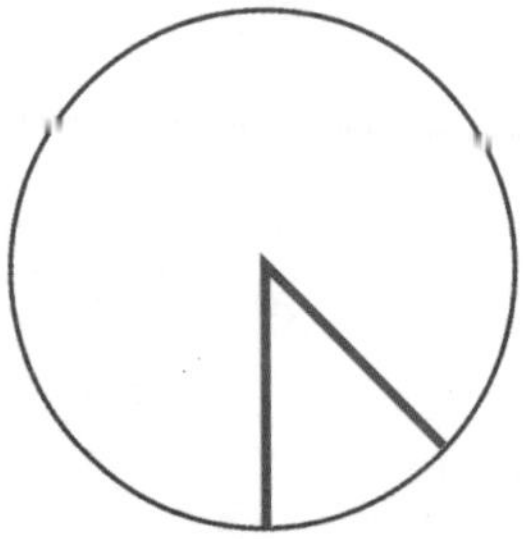

◆ 一个圆靶被分成了 20 等份，每一份都是 18 度。在射箭时，如果你能把箭射进最中心的圆圈中，也就是所谓的“靶心”，则可以得到最高分。

找到方向

知道自己身处何方很重要，同样地，清楚自己要去的方位往往也很重要。一个从巴黎飞往罗马的飞行员由于身处高空，两者都无法判断，这时候就需要被称作定位仪的仪器来助其一臂之力了。

简单数学：方位

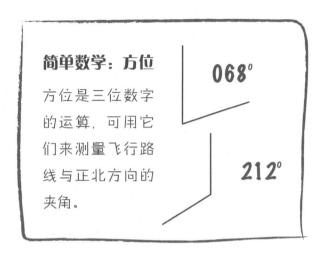

方位是三位数字的运算，可用它们来测量飞行路线与正北方向的夹角。

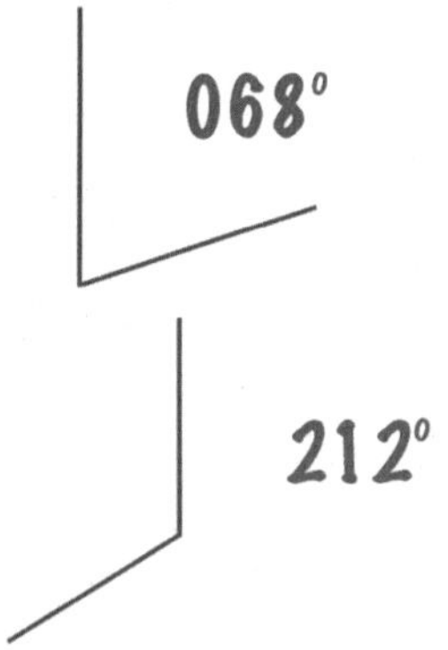

为了找到从一个地方至另一个地方飞行的方向，驾驶员们首先面对正北方，然后再顺时针转到他们要去的方向。这个得到的角度被写成三位度数的形式，比如 068° 或者 212° 。如果他们转成面向南极，那么他们便旋转了 180 度，因此这个方向就叫做 180° 方向。

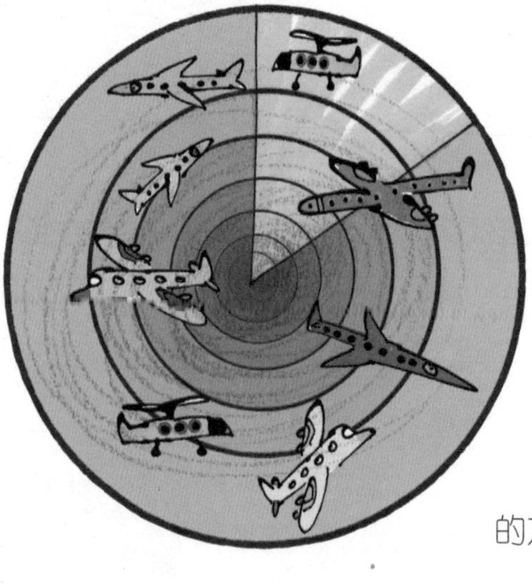

雷达网

雷达支持无线电探测和定位。它在荧光屏上显示的搜索范围呈圆形，能不断发射电磁波来搜索圆形范围内的物体。雷达被用以显示一个机场附近飞机的位置和高度。空中交通管制员可以依此决定飞行员驾驶飞机前进的方向，使他们彼此之间保持安全距离。

伐木者的“罗盘”

树的年轮在树的南面通常要显得稀疏得多。

追随太阳

蜜蜂在飞行时以太阳作为它们的指南针。即使太阳躲在云层中，它们也能做到这一点。它们的方法很巧妙——利用那些穿过蓝天的太阳的紫外线。

植物“罗盘”

这是一种向日葵科植物，它能长到两米高。在它的底部，长着非常大而深色的V型凹口树叶。这种植物的独特之处在于它们的叶子总是指着南北向。据说，穿越美洲平原的旅行者需要确认方向时，通常就会求助于该种植物“罗盘”。

GPS

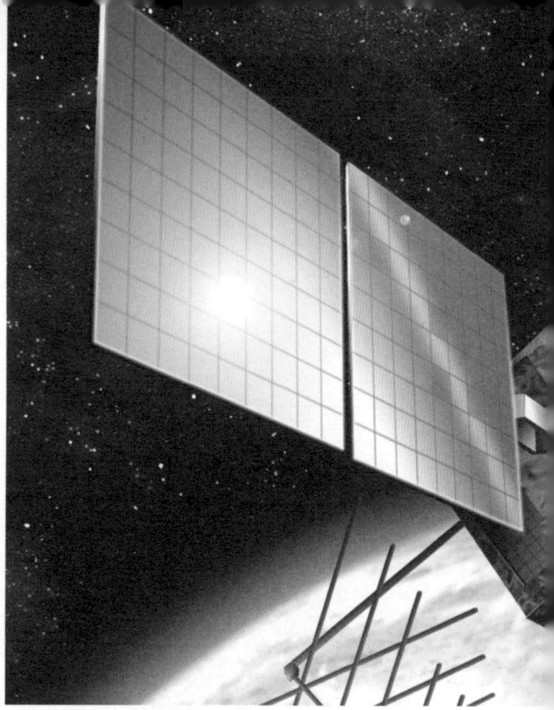

地球上的每一个角落在卫星的眼里都一览无余。GPS——全球定位系统——每 12 小时环绕地球一圈，它使用了至少 24 颗工作卫星，用来持续不断地传送无线电信号至人们的汽车、手机和其他设备上。

每一个 GPS 卫星的电路板上都装载有一个原子钟，它能精确到十亿分之一秒。卫星传输的数据准备无误地显示了自己在任意时间的位置。

所有这些卫星都会在同一时间传输信息，但是这些无线信号到达地面接收器的时间会有所不同，因为它们在天空中的位置是不同的。

◆ 每一颗工作卫星的轨道都在离地球两万千米的高度之上，它的运行速度是每小时14,000千米。

当接收器接收到来自四颗或者更多全球定位系统卫星的数据时，它就能计算出它所在的位置，以及它的速度和相对于海平面的高度。

汽车驾驶员把要去的目的地输进接收器。通过使用保存在内部的地图和更新的 GPS 数据，接收器能在导航系统上给出语音提示和图画指引。

坐 标

坐标可以帮助我们找准每样东西的位置，例如在地图上显示出城镇的位置。地图基本上都被分成数个小方格，通常使用数字或者字母来区分图中每个方格的不同位置。我们把这种诠释位置的方法叫做坐标系。

简单数学：坐标系

通过以下的坐标，你能找到其所代表的方格中的东西吗？

B1，E7，G9，I2，I9，J10，F2，D10，B9，C4，B6，F5，J6

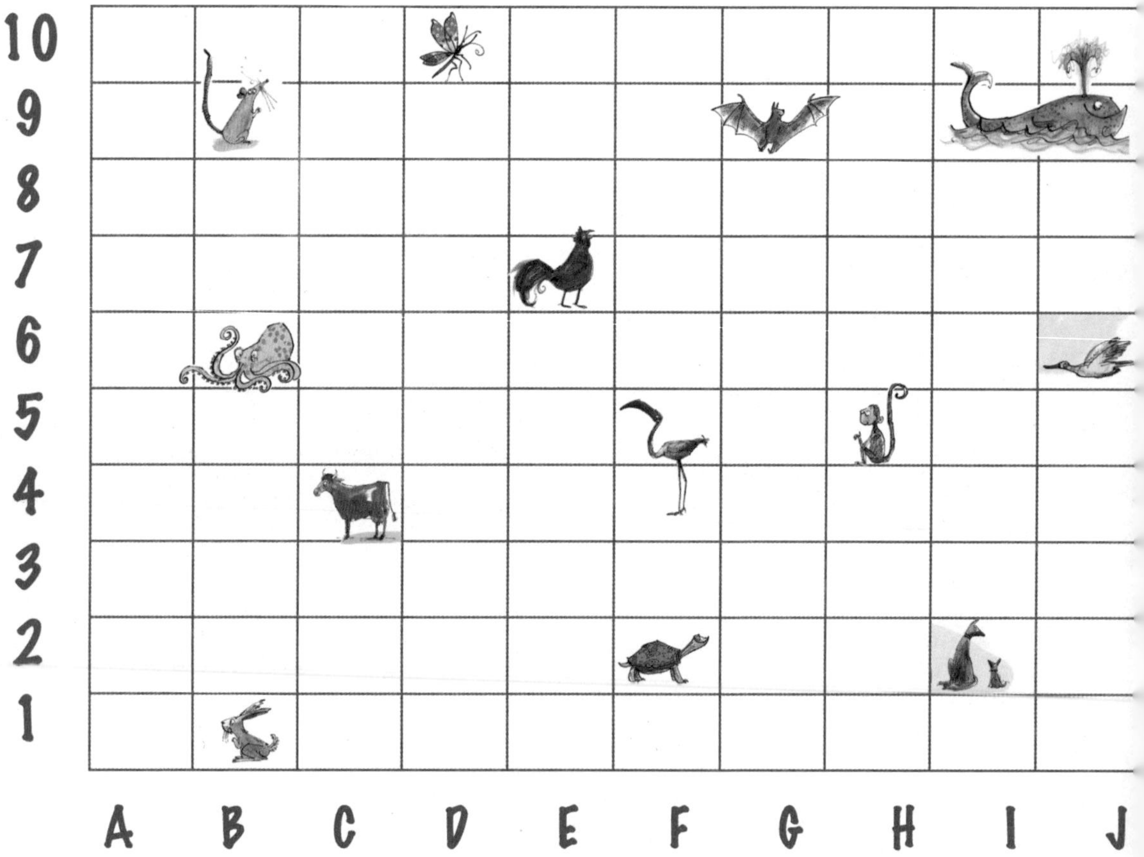

点对点

如果你需要制定一条从一个地方到另一个地方的路线，你通常会制定一个计划，先从这个点到另外一个点，再到下一个点，如此继续下去，直到到达你的目的地。这就是所谓的制定策略路线。

制定策略当然不限于路线方面。如果你需要完成一项艰巨的任务，那么你就需要制定完成它的步骤，就好像按照说明书把一个模型组装起来一样。

◆ 船长可以使用这张海图来指出他的方向。

进攻！

在二战中，军事指挥官可以通过移动模拟地图中的战舰或者坦克来指挥对敌作战。战舰游戏可以让你用同样的方式制定对付敌军的策略。

井然有序

我们经常会发现，把东西以特别的方式排列整齐是非常有用的，如按尺寸、外形或者颜色。在其他的时候也可能按照我们拥有的数目、或者对于我们的有用程度来进行排序。

◆ 在这个餐具盒里，每一样东西都拥有属于它自己的位置。

维恩图解

一种记录集合之间关系的方法是使用多个圆圈。同一种类型的事物被包含在同一个圆圈里。也有的事物可能同时属于两个圆圈，它们则被归入两个圆圈相交的区域内。

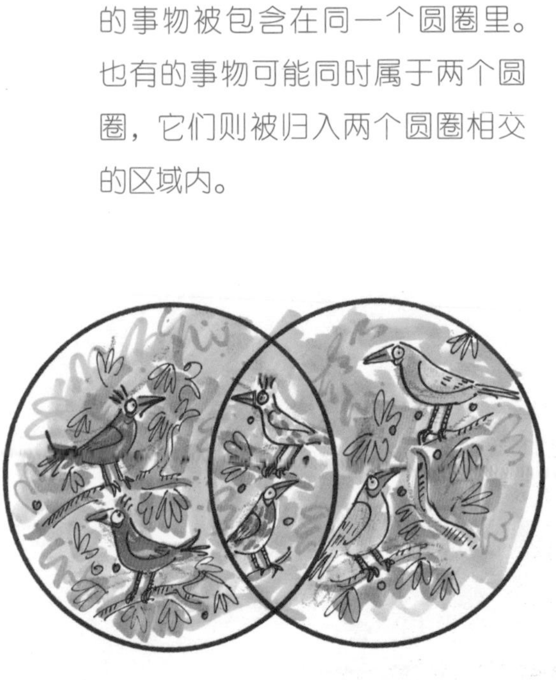

归　类

地球上有太多种类的动物，我们必须用一种特殊的方法来把它们分组，或者说分类，这能帮助我们记录那些我们找到和看到的动物们。我们使用的这种分类方法是由18世纪的瑞典科学家卡拉·林奈（Carl Linnaeus）发明的。动物们都被生物学家归属到不同的门类中。

◆ 印度军队的士兵们排成一条条完美的直线。

淘　汰

生存法则之一就是具备发现异物的能力。那些不适合该位置的东西可能已经被人利用，修改或打乱后对你进行误导。这就意味着危险！

追 踪

当猎人们想要找到野生动物时，他们就必须溯寻动物们留下的足迹。高明的追踪者能发现动物的粪便，或者注意到丛林被扰乱的痕迹。但是最有用的信息还是动物们的足迹，这是最容易辨认的。

◆ 一位追踪者指着狮子留在泥土上的脚印。

沙地上的追踪

在丹尼尔·笛福所创作的著名的小说《鲁滨逊漂流记》中，水手克鲁索在一次海难后飘到了一个看似荒漠的小岛上。在很长一段时间内，克鲁索尽量把生活所必需的一切做到最好。尽管他是独自一人，但是他感觉很安全。

一天，一切都改变了……

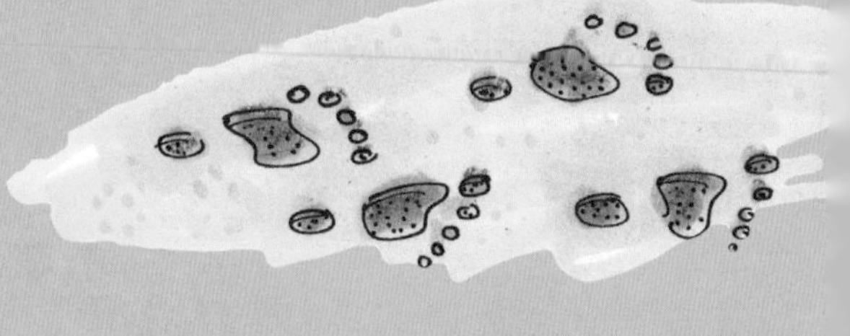

克鲁索小心翼翼地搜索着整个小岛，希望能找出是谁留下了这些足印。

他很快就发现是食人族把一个人带到了这个小岛上，并准备把他杀掉。

克鲁索救下了这个人，并给他取名叫做星期五，因为正是星期五这天救下的他。

克鲁索现在有了一个同伴，星期五教给了他许多新的生存技巧。但是，最后克鲁索还是意识到他必须想办法回家去。终于，有一艘船停了下来给船加水，克鲁索借此机会带着星期五回到了家中。

小测试

1. 罗伯特想出了一个什么方法来改进邮政系统？

2. 水手们用来计算太阳和地平线之间角度的设备叫做什么？

3. 环绕地球正中间一周的虚拟的纬线被称作什么？

4. 在南半球，哪个星座可以帮助你知道南面在哪里？

5. 半圆是多少度？

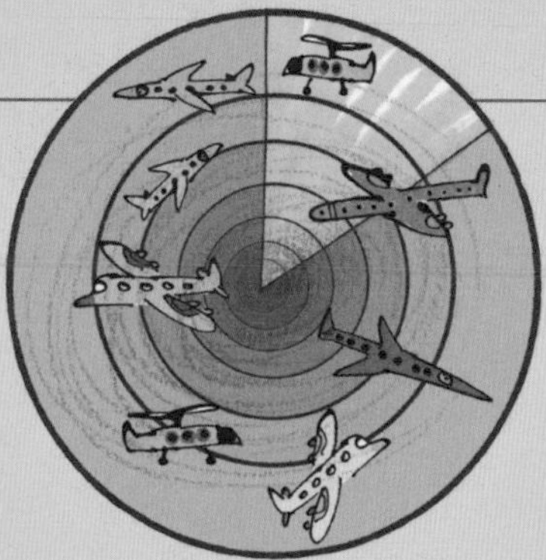

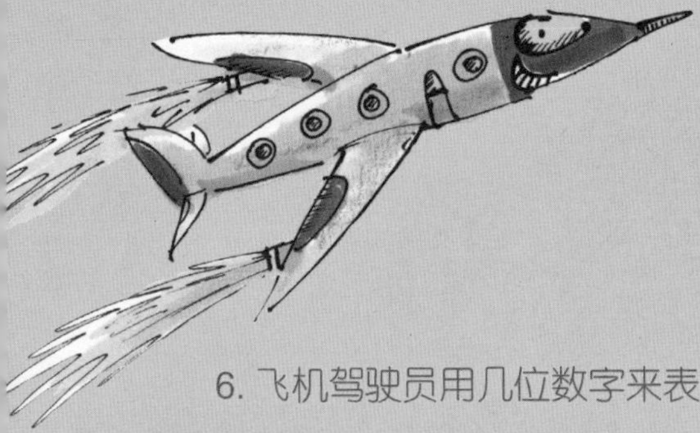

6. 飞机驾驶员用几位数字来表示他们要去的方向？

---

7. GPS 指的是什么？

---

8. 哪一种特别的图标使用圆圈来代表不同组合的数目？

---

9. 谁是最先从地球的一极到另一极环游世界的人？

10.《鲁宾逊漂流记》的作者是谁？

参考答案：

1. 邮政编码　2. 六分仪　3. 赤道　4. 南十字星座　5.180 度
6. 三个　7. 全球卫星定位系统　8. 维恩图解
9. 纳鲁芬·菲利斯和查尔斯·伯顿　10. 丹尼尔·笛福

问题来了 What a Problem

目 录

是时候学习了

当我们年轻的时候，我们总会感觉自己的大脑处在水深火热之中。我们在学校学习，从家长身上学习，和同伴互相学习；我们从电视上学习、从互联网上学习、从书本上学习、从杂志上学习……我们总是在不停地学习，学习，学习！

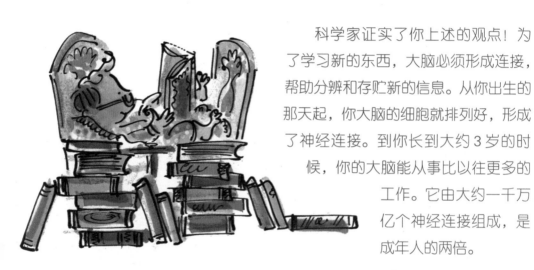

科学家证实了你上述的观点！为了学习新的东西，大脑必须形成连接，帮助分辨和存贮新的信息。从你出生的那天起，你大脑的细胞就排列好，形成了神经连接。到你长到大约 3 岁的时候，你的大脑能从事比以往更多的工作。它由大约一千万亿个神经连接组成，是成年人的两倍。

警惕！

大约到你 11 岁的时候，大脑便会开始清除那些没有的神经连接。只有那些你总是反复使用的才会被保存下来。因此，如果你想要使自己始终保持如现在般“清醒”和“聪明”的状态，你就必须使大脑时刻保持忙碌。

◆ 思考、注视着不同方块的棋局变化、计划怎样移动自己的棋子以及猜测对手可能出的招，这些都能活跃你的脑细胞。

大脑的力量

人类的身体由亿万个细胞组成。组成神经系统的细胞被称作神经元，它们负责把身体各处的信息传输到你的大脑。

控制中心

人类的大脑有大约上千亿个神经元。这些微小的细胞有各种各样的外形和尺寸，有些仅仅只有千分之四毫米那么大。神经元之间传递信息的方式其实是一种电化学过程。一部分神经元负责把信息传到大脑，而另外的那些则负责将大脑的信息递出去。

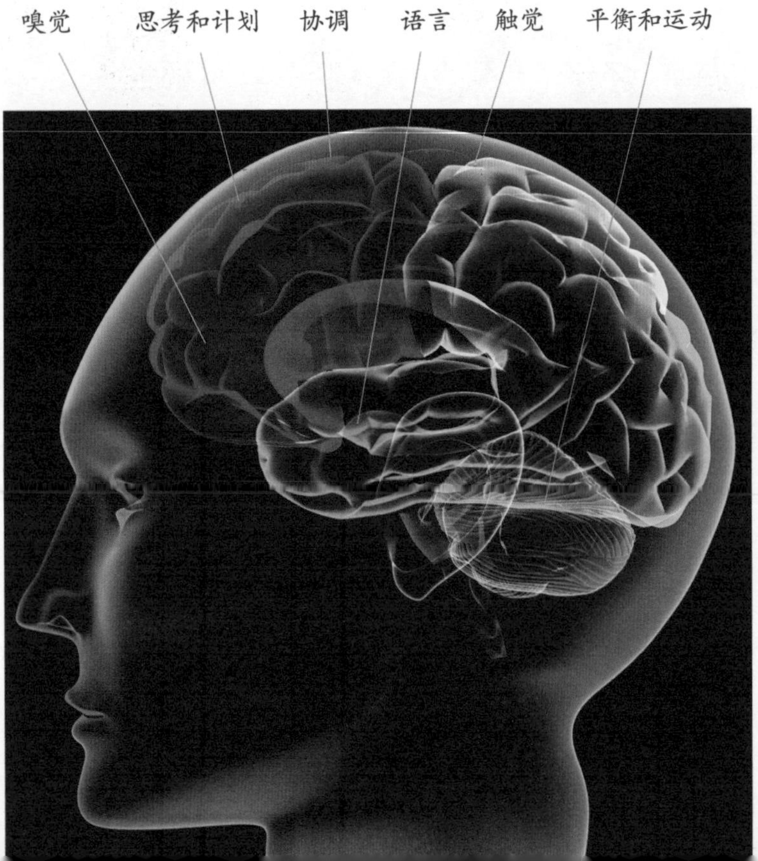

◆ 大脑的不同区域分别控制我们不同的日常动作。

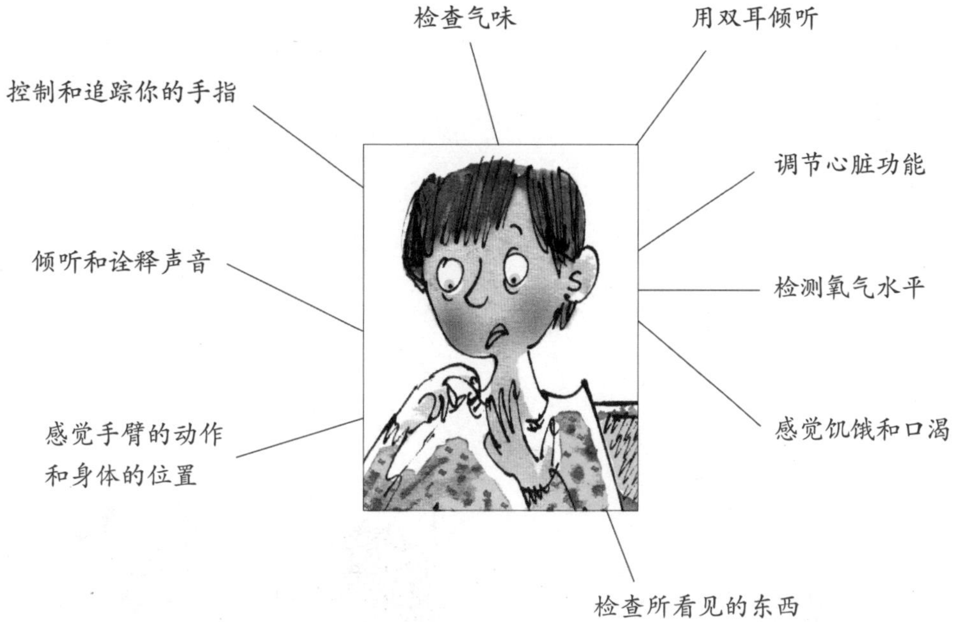

多重任务

大脑每秒钟能发出0.1乘以千的五次方个指令，也就是100,000,000,000,000个。当你专注于一道数学题的时候，大脑需要理解、检查、监测和记录无数组其他数据。

科学家们认为我们已经发掘了大脑全部的功能，尽管我们在不同的时刻使用的可能是大脑的不同部位。

大脑的衰竭

当我们长到一个适当的年龄，大脑便停止了生长。事实上，过了18岁以后，尽管大脑中仍然有新的细胞在增长，但是这个数字远远低于死去的细胞的数字。不过请放心，大脑是不会停止运作的，因为你的大脑里有超过数千亿的神经细胞。这些已经足够你使用30万年的了！

IQ

IQ 代表的是智商。这是一种根据人们的年龄层测算人们智力的方法。IQ 在 90 到 110 之间被认为是平均水平。如果 IQ 超过了 120，那么就是出众的。

IQ 得分代表什么？

大约三分之二的人们的 IQ 都在 85 到 115 之间。在每个种族中，总有 1% 的人的智商达到 136 以上。日本人 IQ 的平均分是世界上最高的，为 115。

金雄荣

金雄荣于 1963 年出生于韩国。在他很小的时候，大家就都说他是一个智力超群的孩子。

“他 6 岁时，就在日本的电视节目上解决微积分题。”

“他仅仅 7 岁，就受美国国家航空航天局之邀去了美国。”
NASA

他在美国一所大学取得了物理学的博士学位。在他 11 岁，仍在大学就读时，就开始在美国国家航空航天局进行研究，并一直在那里工作直到回到韩国，那时他才 15 岁。

空间智能

我们有时把空间智能称作空间想象力，它可以帮助我们理解事物是怎样摆放或者装配起来的，可以帮助我们识别物体、外形和细节方面的东西，还能帮助我们去进行创造性的想法。建筑师、工程师和木匠都是拥有超强空间智能的典型代表。

点亮灯泡！

当你清醒时，你的大脑能产生大约 25 瓦的能量，足够点亮一个灯泡。

天才发明家

据说，世界上 IQ 最高的人是意大利的天才达·芬奇。他的 IQ 值估计达到了 220，真是让人惊叹！

可能从少年时期开始，达·芬奇就疯狂地迷上了机械。他在早期的一些草图中，清晰地描画出了不同机器的各部分是怎样进行运作的。

达·芬奇认为只要了解了各个部件运作的原理，他就能够完成前人未曾设想过的举措——将不同的部件用新的方式组装，从而衍生出新的发明创造，改进机器的性能。

在 14 世纪后期，达·芬奇为米兰公爵服务。他发明了一些复杂的机器，例如这个飞机弹射器，它可以用来在战斗中或者在攻城战役中投射石块。

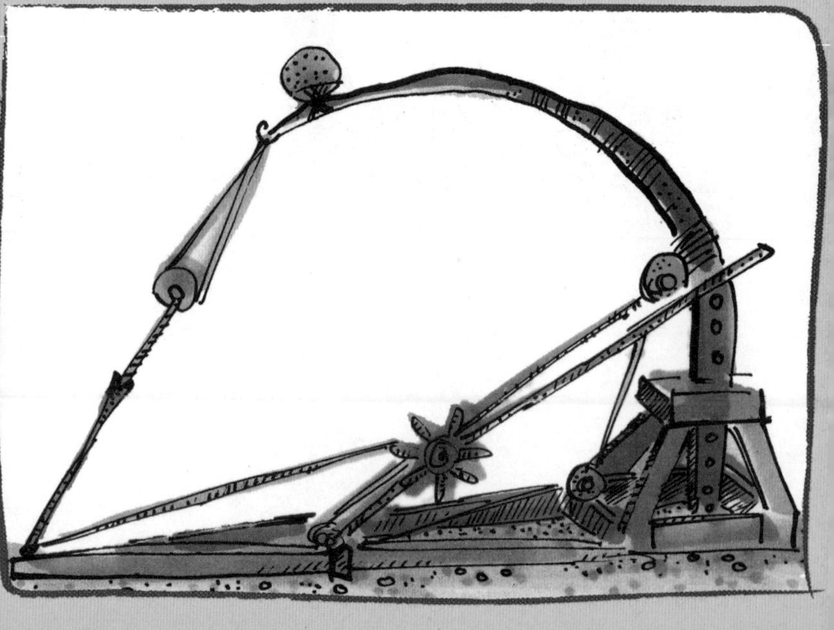

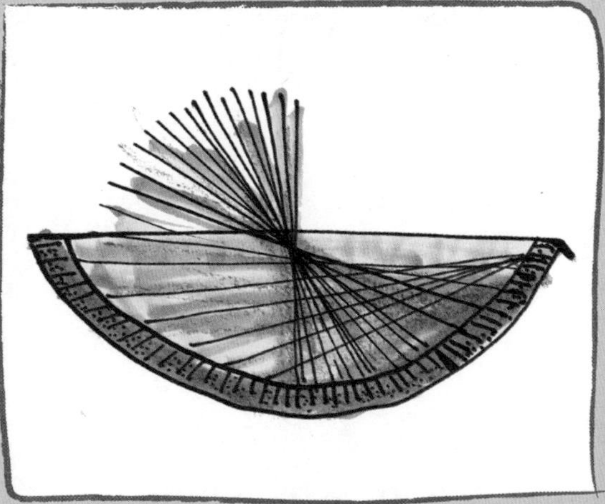

他用几何学验证自己的设计，画出了许多几何图案。

他设计了一个水轮，能把低处的水运送到高塔里。

他在绘画方面也拥有无与伦比的天赋，这使得他可以把自己在机械方面的想法都诉诸图画。

并非达·芬奇所有的发明都被付诸实践，但是它们都充满了想象力和创造力。他还尝试用连接在一起的嵌齿轮制造出一个计算器。

他的这些草图在被画下来的五百年后的今天，有很多依然可以被看成蓝图，并依照它制造出完美的工作模具。

微 脑

人脑每秒钟可以发出 0.1 乘以 10 的 15 次幂的指令。地球上最快的超级电脑名叫走鹃（Roadrunner），它的处理速度可高达人脑的十多倍——每秒可以运作 1.026 乘以 10 的 15 次幂。

芯 片

微处理器被装在一种薄晶片上，该晶片是用名叫硅的特殊材质做成的。硅和其他一些材料被称为半导体。半导体无法像良导体那样顺畅地传导电流，也不能像绝缘体那样完全阻隔电流。在微处理器中，半导体被做成微小的“开/关”电闸，“开”和“关”都有其不同的意义。

◆ 你的电脑或者游戏机里拥有一个或者更多的微处理器。

核心处理器

现在的电脑通过“双核”处理器，能同时做两件完全不同的事情。这样人们不用依靠两个不同的处理器就能提高自己的工作效率。

随着科技的进一步发展，现在又诞生了多核处理器。即在一块芯片中，有多个处理器共存，这使得人们在同一时间可以做更多的工作。

◆ 在微处理器上，成千上万个微小的开关被装在硅衬底上，或者说是芯片上。

我们的好帮手

机器可以完全依照人类的方式完成一些简单的任务，而且它们能比我们做得更快、更加精准。它们能从事危险的工作，而且可以忍受极热或者极为嘈杂的环境。在电脑的控制下去做类似的重复性工作的机器，我们称之为机器人。

特别的机器人软件会编制一些命令程序，机器人在工作时，可以按照命令执行任务以及控制自己的行为。机器人软件也称作人工智能，它尝试用程序指挥机器人，令它们像人一样思考问题，并教给机器人怎样对可能发生的不寻常的事情做出反应。

◆ 在工厂里，机器人能重复人类操作员可以做到的一切工作。

◆ 日本本田公司研制的机器人 ASIMO 在一群孩子们面前展示它的技能。

ASIMO

ASIMO 是日本本田公司发明的机器人。本田公司的工程师们致力于研发出一个可以行走的机器人。不过他们最近发明的机器人能做到的远不止这些。它可以奔跑、在不平坦的斜坡和表面上行走、转身、爬楼梯以及抓起物体等。ASIMO 还可以听懂一些简单的语音命令，并对其做出反应。

ASIMO 能分辨不同的面孔。借助具有摄像功能的双眼，它把周围的一切都拍摄下来，然后挑选出静止的物体。它知道在行动的时候该怎样去避开它们。

好帮手

在不久的将来，ASIMO 可能能够给予不同需要的人们以帮助。它能照顾那些在家的老人，特别是那些卧床或者使用轮椅的人们。ASIMO 还可以完成一些特定的对于人类而言过于危险的任务，如救火或者清理有毒的物质等。

翻花绳

翻花绳已经有大约几千年的历史了，如今仍然是风靡全世界的游戏。这个游戏需要两个人一起来玩，一人把绳线缠绕在两手之间形成复杂图形，并可以不断地改变或转移到对手的指间。

◆ 把绳子的两头打上结，然后用两手撑住绳圈，注意大拇指在绳圈之外。

◆ 将绳圈在每只手上各绕一圈，大拇指依然在绳圈之外。

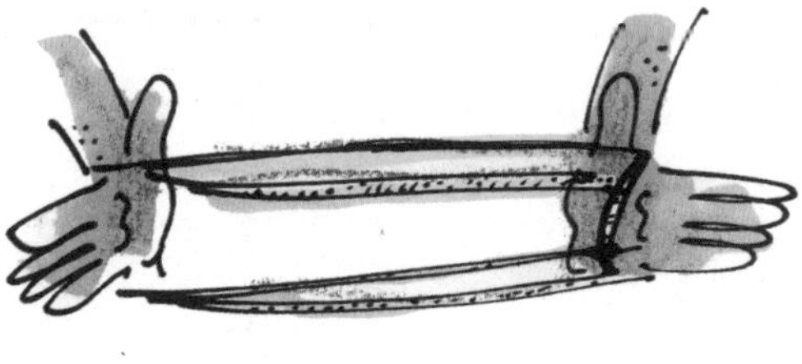

◆ 用一只手的中指穿过另一只手的绳圈，然后钩回来。

◆ 另一只手的中指重复该动作。这个花样就叫猫的摇篮。

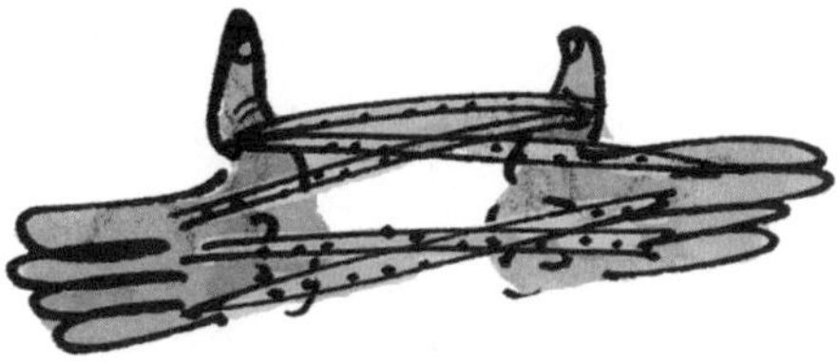

◆ 这个图案使用的是完全不同的翻线技巧，它叫做电车轨道。

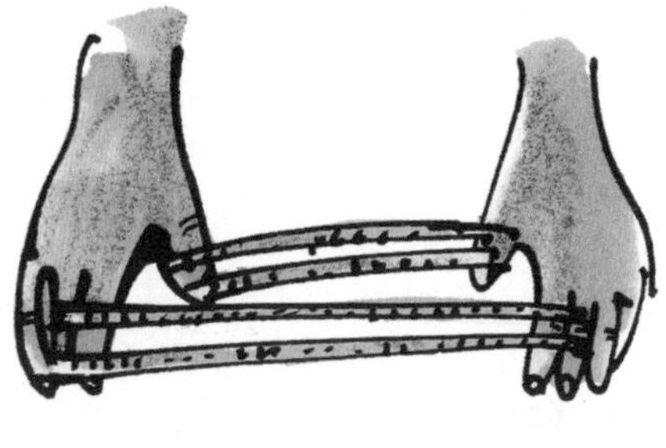

◆ 这个名叫马槽。

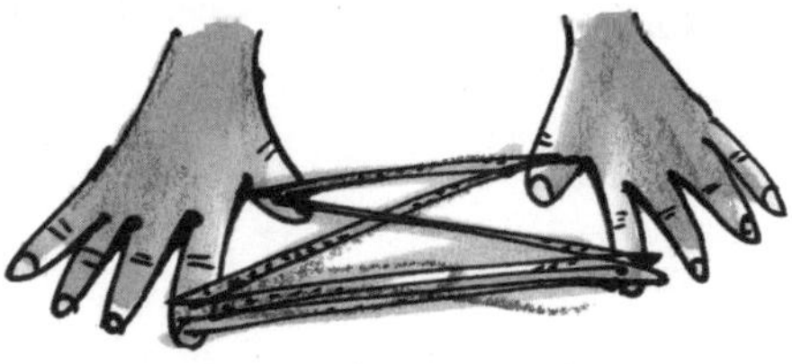

数　独

数独游戏由来已久。最初的数独出现在 18 世纪的报纸上，就像现在的一样，要填出格子里或者一串组合里缺少的数字。今天，网上有许多这样的游戏。

1979 年，美国一位退休的建筑师霍华德·冈斯（Howard Garns）发明了数字拼图。后来，日本的解谜专家鍜治真起（Maki Kaji）将其更名为数独游戏，并推动了它的发展和流行。你所要做的事情就是把 1–9 个数字分别放入一个九宫格的 9 个格子里。这听起来很容易，但是要完成它，可能有 6,670,903,752,021,072,936,960 种方案。

井字游戏

连三字棋或者称为井字游戏，起源于公元前 13 世纪的古埃及。游戏者可以选择“○”或者“×”，然后轮流放入井字格，看谁能先将三个相同的图案连成一条直线。这是一个非常简单的游戏，但是仍然有 255,168 种可能的走法。

密 码

密码被用来传递秘密信息已经有几千年的历史了。密码可能由字母、数字甚至是标记或者符号组成。除非知道代码，否则要破译它是非常困难的。

最初的密码是由尤利乌斯·凯撒*（Julius Caesar）发明的，他把每个字母的位置往后移了三位，即 A 变成了 D，B 变成了 E，C 变成了 F，以此类推。

象形符号

最初充当文字的符号被称为象形图。许多文字都是由象形图发展起来的。随着时间的发展，象形图慢慢地有了读音。下图为泰语字母。

尤利乌斯·凯撒密码对照表

罗马人的拉丁文一共使用了 23 个字母。他们只有大写字母，并且用 I 代替 J，V 代替 U——因此尤利乌斯·凯撒应写作 IVLIVS CAESAR。

A	=	D
B	=	E
C	=	F
D	=	G
E	=	H
F	=	I
G	=	K
H	=	L
I	=	M
K	=	N
L	=	O
M	=	P
N	=	Q
O	=	R
P	=	S
Q	=	T
R	=	V
S	=	X
T	=	Y
V	=	Z
X	=	A
Y	=	B
Z	=	C

*尤利乌斯·凯撒：罗马共和国末期杰出的军事统帅、政治家。

烟雾信号

美国土著居民利用燃烧柴火产生的烟雾来传递信息。有些信息是绝密的，而有时候传递的仅是普通的讯息。一阵喷烟代表的是要提高警惕，两阵代表的是一切正常，而三阵喷烟则表示“救命”或者“危险”。

保险箱

当人们要把一些有价值的物品或者信息藏起来时，都希望不会被任何人发现，因此使用保险箱是一个非常好的方法。有时保险箱使用的是密码而不是锁。要打开一个这样的保险箱，你必须知道完整的密码数字以及它们的排列顺序，而且必须把它们按照正确的顺序输入。

◆ 这个保险库的门拴和门锁都需要密码才能打开。

遗传密码

每个人的遗传密码都是与众不同的，这使得我们每个人都是独特的个体。人体内有万万亿个细胞，每个细胞都有一个中心，或者称作细胞核。每一个细胞核中都有 46 个染色体，其中 23 个来自你的父亲，另外 23 个来自你的母亲。

但并不只是这么简单。在每个染色体中都有一条线状的长链，化学名称叫做 DNA，深藏其中的就是你的基因。

这条 DNA 长链是由一个个小的脱氧核苷酸组成的，核苷酸的种类仅有 4 种。科学家们分别用字母，即 A、T、G 和 C 来代替它们复杂的化学名称。

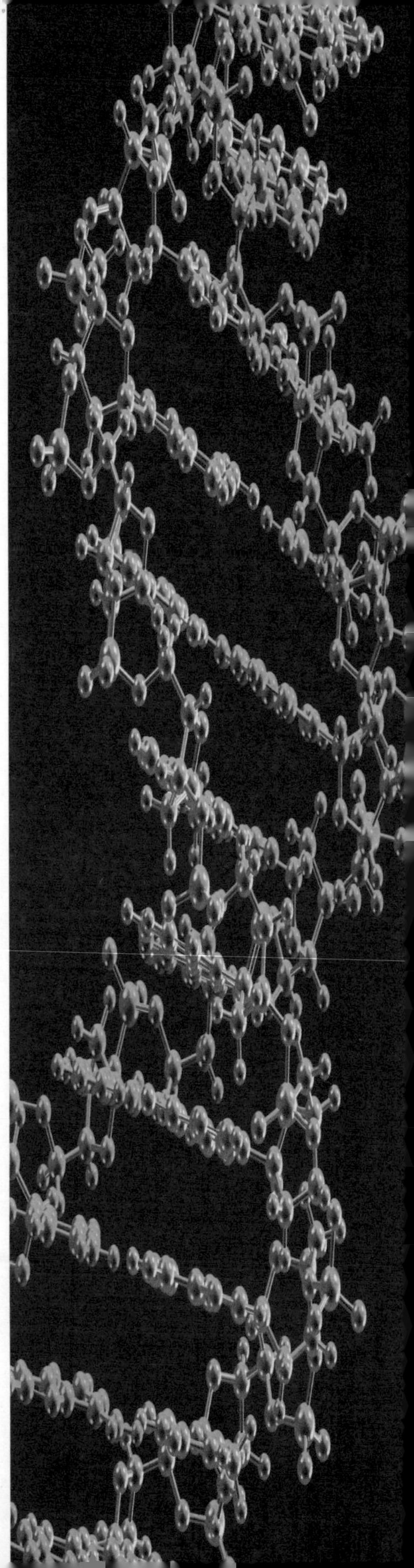

◆ 你的 DNA 呈螺旋状排列。

你的 DNA 密码

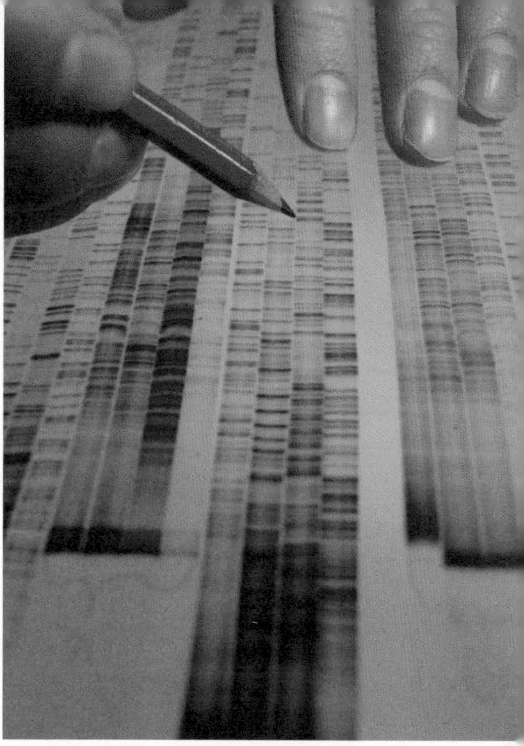

◆ DNA 密码可以用来确定人们的身份以及证明人与人之间的血缘关系。

A、T、G 和 C 这些字母被用来记录不同的DNA序列。例如，你的DNA序列可能是 AATTGCCTTTTAAAAA。我们的 DNA 密码，或者遗传密码，自父亲的精子和母亲的卵子结合的那个时刻就注定了。

一个男人精子里的 DNA 有 30 亿种不同的排列组合方式，女人的卵子也是一样，不过排列的方式会有所不同。

精子和卵子结合后，DNA 的排列组合方式是无穷无尽的，因此每个人都是独一无二。

嫌疑犯！

仅仅从一滴口水上，我们就能获得一个人的 DNA 信息。犯罪分子可以擦去他们触摸过的东西上的手印，也可以擦干净所有的血迹。但是如果他们在犯罪现场擦破了一点皮肤，或者留下了一根头发，甚至是溅了一滴口水，科学家们都能根据这些查到他们的 DNA。

迷　宫

当你在原地旋转个几秒钟，你很容易就会找不到方向。当你在走路时，若是找不到任何熟悉的标记，你也会有这种感觉。

◆ 这个迷宫位于意大利的比萨尼别墅内，靠近威尼斯。

花园迷宫

千百年来，传说故事中总有一条不知通往何处的秘密幽径。时至今日，从古希腊城的废墟中，以及一些古老的教会和教堂的地板上，仍然可见最早的密径的模样。五百年前，花园迷宫开始流行起来，有些用高高的树篱充当屏障，还有一些则是用草皮或者石头作为低墙。

意大利的比萨尼别墅（Villa Pisani）靠近威尼斯，号称是全世界最难的迷宫。最大的迷宫是美国夏威夷的多尔菠萝种植园（Dole Pineapple Plantation Maze），它的占地面积约为 12000 平方米，迷宫路径长达 4 千米。

寻找方向

一些动物体内有天生的分辨方向的感觉器官，因此它们从来不会迷路。像海豚和蝙蝠能感受到海水和空气中的声波，从而指引它们朝着正确的方向前进。蜜蜂利用太阳的指引找到它们的位置，而迁徙的鸟儿则依靠广袤大地上的地面信息来分辨方向。

追踪线索

在最棒的侦探小说中，聪明的侦探家们总是能借助最微小的线索，寻根溯源解决神秘的案件。但是，在这之前他已经进行了大量的艰苦工作。

大多数问题都是一步一步得以解决的。依照这种方式，我们一点一点地接近了真相，直到我们最后找到答案。

这种收集信息的方法我们称之为时序图。制作一张合适的时序图对于每个需要做某件事情的人来说都是非常重要的——他们必须依照安排好的时序开始、进行直到结束。

七座桥

在18世纪70年代，德国的格尼斯堡（Königsberg）被普瑞格尔河（Pregel River）分开。

河流从城市中心流过，将城市一分为二后开始分流，产生了一个小岛。七座桥的修建使得人们能够从一个地方到达另一个地方。

一天，有人提出了一个非常有趣的问题。

“有没有可能绕城市一圈，却只从每座桥上走过一次？”

但是无论他们怎么努力，最后始终落下了一座桥！

从此，格尼斯堡的七座桥成为历史上一个著名的数学问题。生活在这个时代的希腊数学家伦纳德·欧拉（Leonard Euler）知晓许多复杂的数学理论，但是他依然无法解开这个问题。

但是，他利用它创造了一种新的图标，使你能够将路径或行为的正确先后顺序记录下来并遵循执行。他的理论至今仍在数学上广泛应用。

他们描绘了一张像这样的城市的地图，然后开始设计一条路线，只从每座桥上通过一次便能完成城市的穿越。

答案是……

有些你可以解决的最为复杂的数学问题被称之为微积分。微积分是我们今日仍然在运用的数学上的一个非常重要的部分。

我们经常会利用图表来记录一些信息，微积分帮助我们使这些图表变得更加有用。它帮助我们计算出图表里的曲线升高或者降低了多少，以及帮助我们了解其中的含义。例如，微积分可以帮助我们计算出汽车加速度以及它已经运行的里程。这一切都只需要看看它们速度的记录就可以了。

更多的数学分支……

有一天你将学到的另一个数学的分支叫做几何学，它是有关图形的科学。三角学主要研究三角形，它广泛用于天文学和航海学上。代数学是解方程的途径，而算术主要与数字有关。

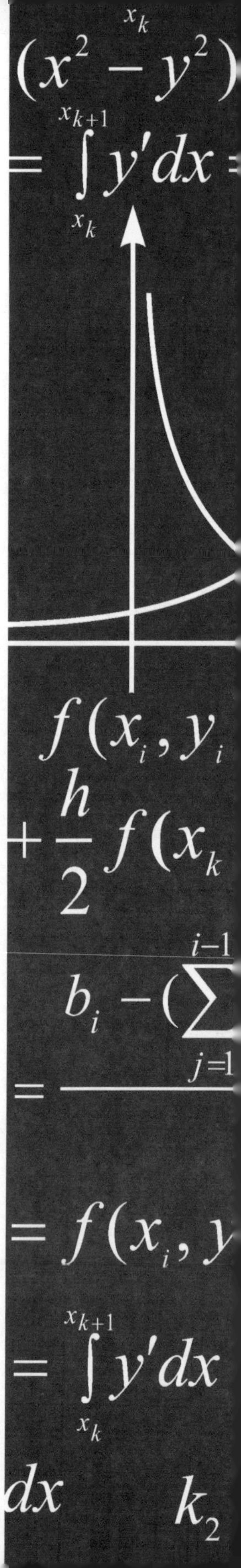

◆ 黑板上是一个微积分解法的一部分。

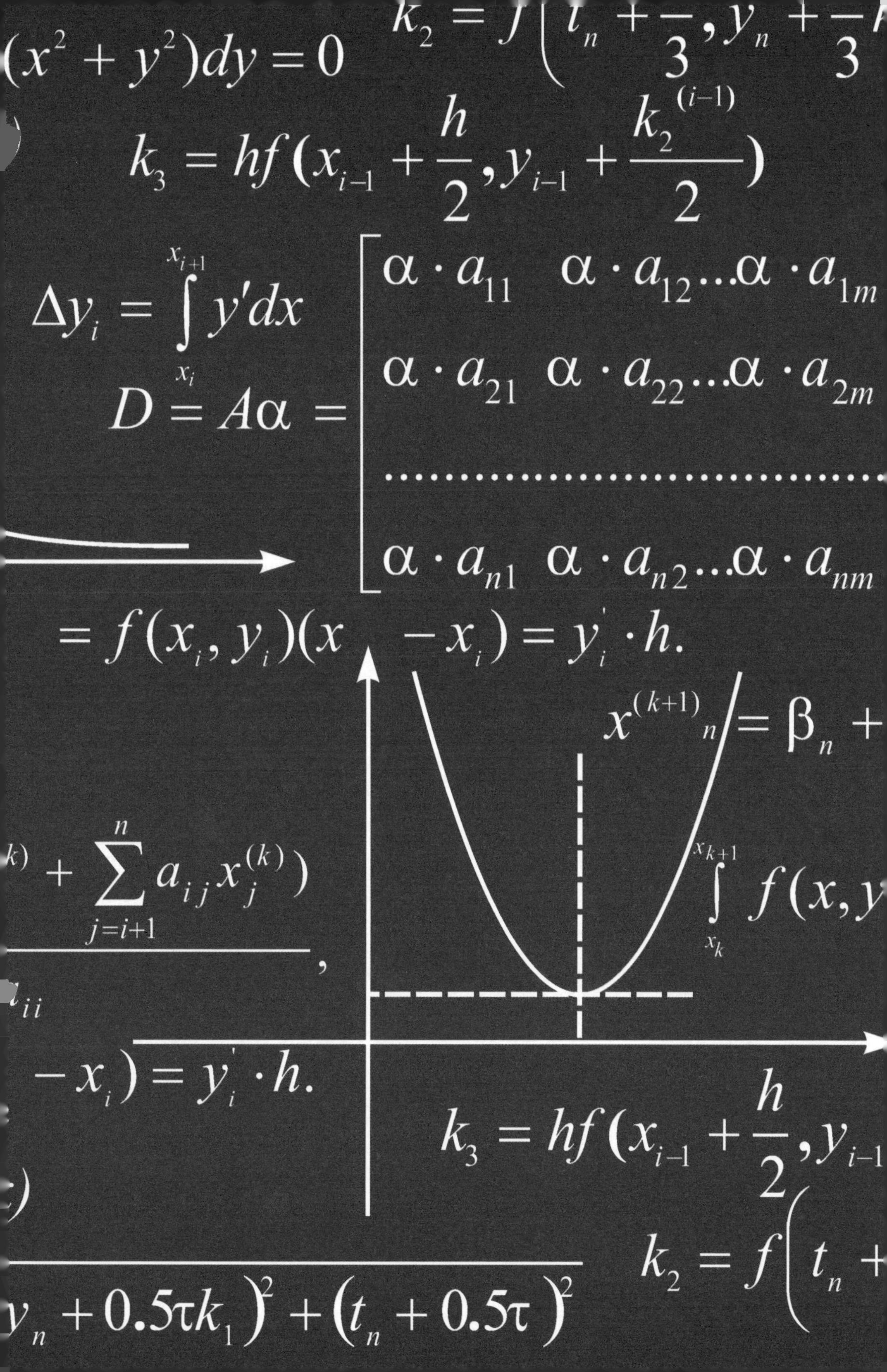

(x^2 + y^2)dy = 0
k_3 = hf(x_{i-1} + h/2, y_{i-1} + k_2^{(i-1)}/2)
Δy_i = ∫_{x_i}^{x_{i+1}} y'dx
D = Aα =
α·a_11 α·a_12…α·a_1m
α·a_21 α·a_22…α·a_2m
α·a_n1 α·a_n2…α·a_nm
= f(x_i, y_i)(x − x_i) = y'_i·h.
x^{(k+1)}_n = β_n +
+ Σ_{j=i+1}^{n} a_ij x_j^{(k)})
∫_{x_k}^{x_{k+1}} f(x,y
− x_i) = y'_i·h.
k_3 = hf(x_{i-1} + h/2, y_{i-1}
k_2 = f(t_n +
y_n + 0.5τk_1)^2 + (t_n + 0.5τ)^2

概　率

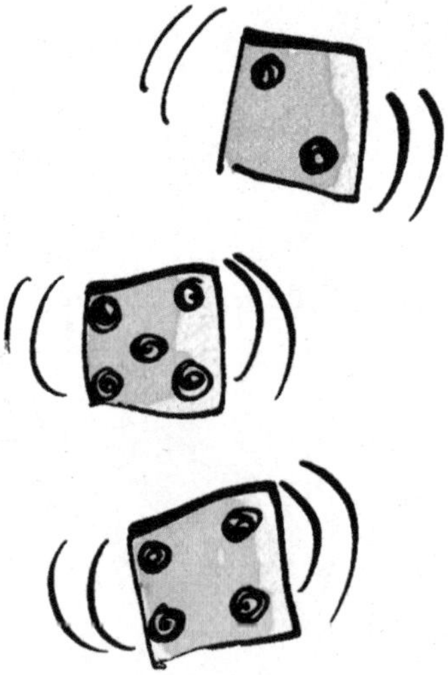

你的生日是在明天吗？很有可能不在明天，因为一年有三百六十五天。你在明天一觉醒来时身边的礼物堆积如山，这种情况只有三百六十五分之一或者说是 1/365 的机会。数学上所说的可能性，指的是估计一件事情发生或者成真的机会到底有多大。

正面还是反面？

当我们在抛掷一枚硬币时，有多大的可能是正面朝上？答案是二分之一，因为一枚硬币只有两面。你总有百分之五十的机会猜对。当你尝试去猜测会发生什么事情的时候，这种概率要复杂得多，因为有许多种的可能性。当事情发生的时候，参考过去这件事情发生几率的记录是非常有用的。这些记录就叫做统计数据。

◆ 在欧洲，平均每两栋房子住五口人。

统计数据

那些把数据收集起来进行分析，得出有用的统计值的人被称为统计学家。统计学家计算出来的最主要的统计值之一叫做平均数。平均数帮助我们对即将出现的事物建立一个初步的概念。

统计员可能会计算出你所在地方这个月的平均气温，或者你居住的地区每户的平均人数。这就意味着当有人要搬到你所在的地方时，就会对当地的气候有一个了解，而且会知晓你家里大概住了多少人。

简单数学：平均数

要得到平均数，就要把所有的数值相加，然后再除以相加数的个数。

把 7 户人家所居住的人数相加：

2+2+2+3+5+7+7=28

再除以户数：

28÷7=4

得到平均每户居住的人数等于 4。

小测试

1. 神经系统中的脑细胞名叫什么？

2. 哪个国家的 IQ 水平最高？

3. 意大利最著名的发明家和艺术家是谁？

4. 微处理器是由什么制成的？

5. 日本本田公司研制的机器人叫什么名字？

6. 罗马（拉丁）字母表中一共有多少个字母？